国家示范性建设院校课程改革成果教材

精密机械制造工艺设计

——综合练习

主　编　任青剑

副主编　刘　萍

主　审　黄雨田

西安电子科技大学出版社

内 容 简 介

本套教材是机械制造与自动化专业的学、做一体化专业核心课程的配套教材,把职业教育重能力成长的复杂学习过程分解成相对独立的知、行、做的单一性学习过程。知、行、做是能力成长的普遍性规律,是能力培养的科学方法。本套教材按照知(识)、行(动)、做(练)三个能力成长要素分为阅读与学习、实训教程、综合练习三册。阅读与学习是知识篇,以做必需的专业知识为主;实训教程是行动篇,以做(工作)必需的行动规范为主;综合练习是练习篇,以已有的专业知识和做(项目)的技术规范,独立完成项目课题,实现能力成长。

本套教材在使用时以实训教程的七个示范项目为主线,即轴类零件加工工艺编制与实施、套类零件加工工艺编制与实施、箱体类零件加工工艺编制与实施、齿轮类零件加工工艺编制与实施、盘类零件加工工艺编制与实施、叉类零件加工工艺编制与实施、减速器装配工艺编制与实施等。阅读与学习作为主要学习资料,包含了完成以上项目的相关专业理论知识。本书为综合练习,是实战练习篇,用于对学生学习成果进行检验。

本套教材可作为高等职业院校机械类、近机类等专业的机械制造工艺教材,也可作为相关技术人员自学用书或相关工种技术工人的培训教材。

图书在版编目(CIP)数据

精密机械制造工艺设计. 综合练习 / 任青剑主编. —西安:西安电子科技大学出版社,2017.1(2023.7 重印)

ISBN 978–7–5606–4405–9

Ⅰ. ①精⋯　Ⅱ. ①任⋯　Ⅲ. ①机械制造工艺—工艺设计—习题集　Ⅳ. ①TH162

中国版本图书馆 CIP 数据核字(2017)第 009087 号

责任编辑　高　樱

出版发行　西安电子科技大学出版社(西安市太白南路 2 号)

电　　话　(029)88202421　88201467　　　　邮　　编:710071

网　　址　www.xduph.com　　　　　　电子邮箱:xdupfxb001@163.com

经　　销　新华书店

印刷单位　西安日报社印务中心

版　　次　2017 年 1 月第 1 版　2023 年 7 月第 3 次印刷

开　　本　787 毫米×1092 毫米　1/16　　印　　张　5.25

字　　数　119 千字

印　　数　4001～4500 册

定　　价　15.00 元

ISBN 978 - 7 - 5606 - 4405 - 9/TH

XDUP 4697001 - 3

***　如有印装问题可调换　***

目 录

项目 1

花键轴机械加工工艺规程设计

技术要求

热处理：调质HRC28-32。

花键轴

40Cr

XM1

作　业　单

项目	项目 1　花键轴机械加工工艺规程设计				
任务	任务 1.1　花键轴结构工艺性分析				
组别		完成人		日期	
资讯					
计划与决策					
任务实施					

项目	项目 1　花键轴机械加工工艺规程设计				
任务	任务 1.1　花键轴结构工艺性分析				
组别		完成人		日期	
任务实施					
检查					
评价					

作 业 单

项目	项目 1 花键轴机械加工工艺规程设计				
任务	任务 1.2 确定毛坯				
组别		完成人		日期	
资讯					
计划与决策					
任务实施					

项目	项目1 花键轴机械加工工艺规程设计				
任务	任务1.2 确定毛坯				
组别		完成人		日期	
任务实施					
检查					
评价					

作 业 单

项目	项目 1　花键轴机械加工工艺规程设计
任务	任务 1.2　确定毛坯——画毛坯图

作 业 单

项目	项目　花键轴机械加工工艺规程设计				
任务	任务 1.3　拟定工艺路线		子任务	子任务 1.3.1　选择定位基准	
组别		完成人		日期	
资讯					
计划与决策					
任务实施					
检查					
评价					

作 业 单

项目	项目1　花键轴机械加工工艺规程设计				
任务	任务 1.3　拟定工艺路线		子任务	子任务 1.3.2　选择表面加工方法	
组别		完成人		日期	
资讯					
计划与决策					
任务实施					
检查					
评价					

作　业　单

项目	项目 1　花键轴机械加工工艺规程设计			
任务	任务 1.3　拟定工艺路线	子任务	子任务 1.3.3　划分加工阶段	
组别		完成人		日期
资讯				
计划与决策				
任务实施				
检查				
评价				

作 业 单

项目	项目1 花键轴机械加工工艺规程设计				
任务	任务 1.3 拟定工艺路线		子任务	子任务 1.3.4 确定工序顺序	
组别		完成人		日期	
资讯					
计划与决策					
任务实施					
检查					
评价					

作　业　单

项目	项目 1　花键轴机械加工工艺规程设计				
任务	任务 1.3　拟定工艺路线		子任务	子任务 1.3.5　填写机械加工工艺过程卡片	
组别		完成人		日期	
资讯					
计划与决策					
任务实施					
检查					
评价					

作 业 单

项目	项目 1　花键轴机械加工工艺规程设计		
任务	任务 1.3　拟定工艺路线	子任务	子任务 1.3.6　画工艺流程图
工序名称			

项目	项目 1　花键轴机械加工工艺规程设计		
任务	任务 1.3　拟定工艺路线	子任务	子任务 1.3.6　画工艺流程图
工序名称			

机械加工工艺过程卡片

	产品型号		零件图号			共　页	第　页

	产品名称		零件名称				备注

材料牌号		毛坯种类		毛坯外形尺寸		每毛坯件数		每台件数		备注	

工序号	工序名称	工序内容	车间	工段	设备	工艺装备	工时/min	
							准终	单件

			设计(日期)	校对(日期)	审核(日期)	标准化(日期)	会签(日期)

标记	处数	更改文件号	签字	日期	标记	处数	更改文件号	签字	日期

机械加工工艺过程卡片

机械加工工艺过程卡片	产品型号		零件图号		共 页
	产品名称		零件名称		第 页

材料牌号		毛坯种类		毛坯外形尺寸		每毛坯件数		每台件数		备注	

工序号	工序名称	工序内容	车间	工段	设备	工艺装备	工时/min	
							准终	单件

					设计(日期)	校对(日期)	审核(日期)	标准化(日期)	会签(日期)

标记	处数	更改文件号	签字	日期	标记	处数	更改文件号	签字	日期

· 16 ·

机械加工工艺过程卡片		产品型号		零件图号			共 页	第 页
		产品名称		零件名称				

材料牌号		毛坯种类		毛坯外形尺寸		每毛坯件数		每台件数		备注	

工序号	工序名称	工序内容	车间	工段	设备	工艺装备	工时/min	
							准终	单件

			设计(日期)	校对(日期)	审核(日期)	标准化(日期)	会签(日期)

标记	处数	更改文件号	签字	日期	标记	处数	更改文件号	签字	日期

作 业 单

项目	项目 1　花键轴机械加工工艺规程设计				
任务	任务 1.4　工序设计	子任务	子任务 1.4.1　确定工序余量，计算工序尺寸及公差		
组别		完成人		日期	
资讯					
计划与决策					
任务实施					
检查					
评价					

作 业 单

项目	项目　花键轴机械加工工艺规程设计		
任务	任务 1.4　工序设计	子任务	子任务 1.4.2　绘制工序图
工序名称			

项目	项目 1　花键轴机械加工工艺规程设计		
任务	任务 1.4　工序设计	子任务	子任务 1.4.2　绘制工序图
工序名称			

作 业 单

项目	项目 1　花键轴机械加工工艺规程设计				
任务	任务 1.4　工序设计		子任务	子任务 1.4.3　选择切削用量，计算时间定额	
组别		完成人		日期	
资讯					
计划与决策					
任务实施					
检查					
评价					

作 业 单

项目	项目 1　花键轴机械加工工艺规程设计				
任务	任务 1.4　工序设计		子任务	子任务 1.4.4　选择设备与工艺装备	
组别		完成人		日期	
资讯					
计划与决策					
任务实施					
检查					
评价					

作 业 单

项目	项目 1　花键轴机械加工工艺规程设计			
任务	任务 1.4　工序设计	子任务	子任务 1.4.5　填写工序卡片	
组别		完成人		日期	
资讯				
计划与决策				
任务实施				
检查				
评价				

工序卡片	产品型号			零件图号			共 页	第 页
	产品名称			零件名称				

车间	工序号	工序名称	材料牌号

毛坯种类	毛坯外形尺寸	每毛坯可制件数	每台件数

设备名称	设备型号	设备编号	同时加工件数

夹具编号	夹具名称	切削液

工位器具编号	工位器具名称	工序工时/min	
		准终	单件

工步号	工步内容	工艺装备	主轴转速 r/min	切削速度 m/min	进给量 mm/r	切削深度 mm	进给次数	工步工时 机动	工步工时 辅助

	设计(日期)	校对(日期)	审核(日期)	标准化(日期)	会签(日期)

工序卡片

产品型号		零件图号		共 页	页
产品名称		零件名称		第 页	页

车间	工序号	工序名称	材料牌号

毛坯种类	毛坯外形尺寸	每毛坯可制件数	每台件数

设备名称	设备型号	设备编号	同时加工件数

夹具编号	夹具名称	切削液

工位器具编号	工位器具名称	工序工时/min		
		准终	单件

工步号	工步内容	工艺装备	主轴转速 r/min	切削速度 m/min	进给量 mm/r	切削深度 mm	进给次数	工步工时/min	
								机动	辅助

	设计(日期)	校对(日期)	审核(日期)	标准化(日期)	会签(日期)

• 25 •

项目 2

齿轮机械加工工艺规程设计

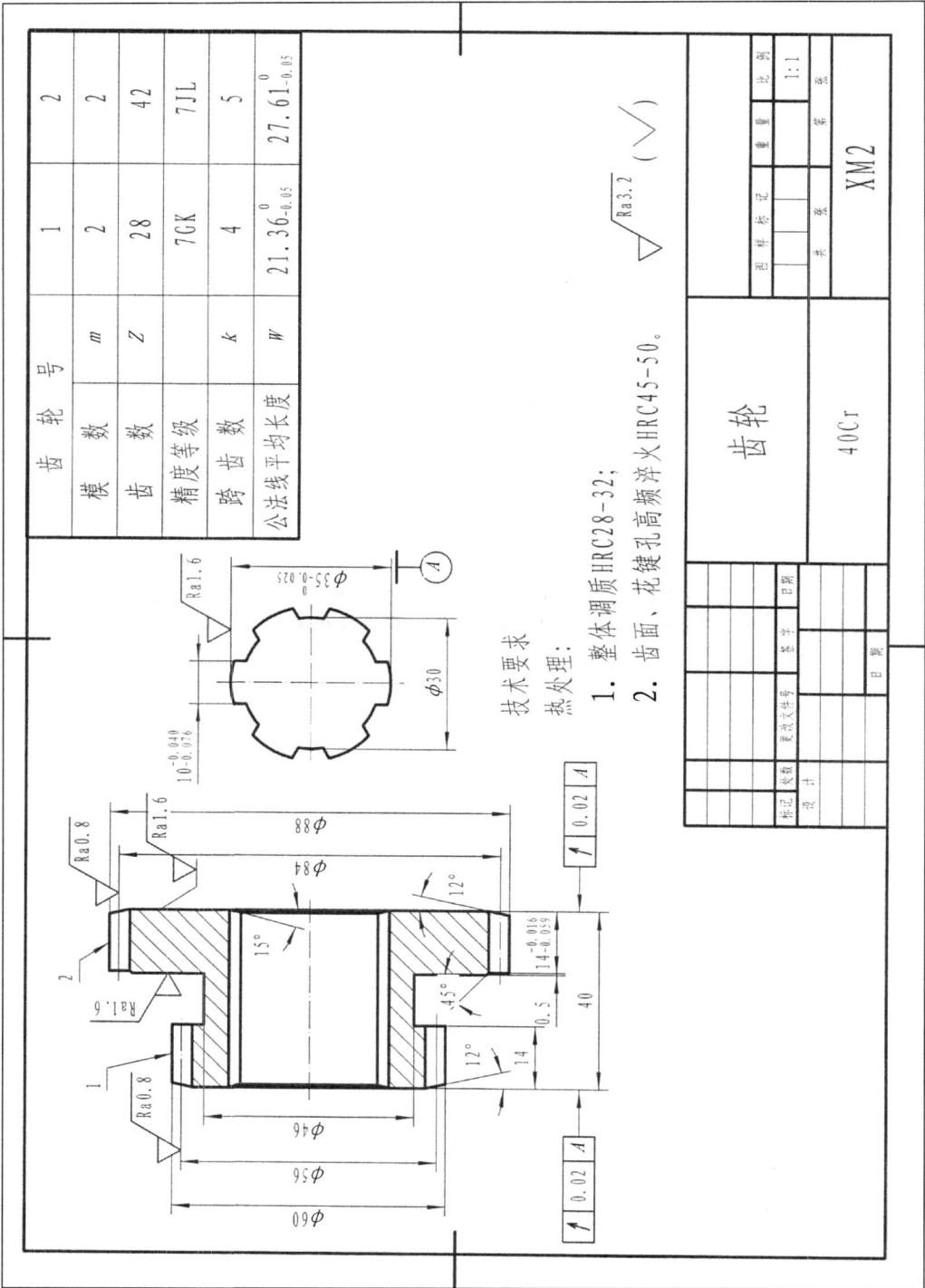

齿 轮	号	1	2
模 数	m	2	2
齿 数	Z	28	42
精度等级		7GK	7JL
跨 齿 数	k	4	5
公法线平均长度	W	$21.36_{-0.05}^{0}$	$27.61_{-0.05}^{0}$

技术要求

热处理：

1. 整体调质HRC28-32；

2. 齿面、花键孔高频淬火HRC45-50。

$\sqrt{Ra3.2}$ ($\sqrt{}$)

XM2

齿 轮

40Cr

1:1

作 业 单

项目	项目 2　齿轮机械加工工艺规程设计				
任务	任务 2.1　齿轮结构工艺性分析				
组别		完成人		日期	
资讯					
计划与决策					
任务实施					

项目	项目 2　齿轮机械加工工艺规程设计				
任务	任务 2.1　齿轮结构工艺性分析				
组别		完成人		日期	
任务实施					
检查					
评价					

作业单

项目	项目2 齿轮机械加工工艺规程设计				
任务	任务2.2 确定毛坯				
组别		完成人		日期	
资讯					
计划与决策					
任务实施					

続表

項目	項目2　齒輪機械加工工藝規程設計				
任务	任务2.2　确定毛坯				
组别		完成人		日期	
任务实施					
检查					
评价					

・32・

作 业 单

项目	项目 2　齿轮机械加工工艺规程设计
任务	任务 2.2　确定毛坯——画毛坯图

作 业 单

项目	项目 2　齿轮机械加工工艺规程设计				
任务	任务 2.3　拟定工艺路线		子任务	子任务 2.3.1　选择定位基准	
组别		完成人		日期	
资讯					
计划与决策					
任务实施					
检查					
评价					

作　业　单

项目	项目 2　齿轮机械加工工艺规程设计		
任务	任务 2.3　拟定工艺路线	子任务	子任务 2.3.2　选择表面加工方法
组别		完成人		日期	
资讯			
计划与决策			
任务实施			
检查			
评价			

作 业 单

项目	项目 2　齿轮机械加工工艺规程设计				
任务	任务 2.3　拟定工艺路线		子任务	子任务 2.3.3　划分加工阶段	
组别		完成人		日期	
资讯					
计划与决策					
任务实施					
检查					
评价					

作 业 单

项目	项目 2 齿轮机械加工工艺规程设计		
任务	任务 2.3 拟定工艺路线	子任务	子任务 2.3.4 确定工序顺序
组别		完成人	日期
资讯			
计划与决策			
任务实施			
检查			
评价			

作 业 单

项目	项目 2　齿轮机械加工工艺规程设计				
任务	任务 2.3　拟定工艺路线		子任务	子任务 2.3.5　填写机械加工工艺过程卡片	
组别		完成人		日期	
资讯					
计划与决策					
任务实施					
检查					
评价					

作　业　单

项目	项目 2　齿轮机械加工工艺规程设计		
任务	任务 2.3　拟定工艺路线	子任务	子任务 2.3.6　画工艺流程图
工序名称			

项目	项目 2　齿轮机械加工工艺规程设计		
任务	任务 2.3　拟定工艺路线	子任务	子任务 2.3.6　画工艺流程图
工序名称			

机械加工工艺过程卡片

	产品型号		零件图号				
	产品名称		零件名称		共 页	第 页	

材料牌号		毛坯种类		毛坯外形尺寸		每毛坯件数		每台件数		备注	

工序号	工序名称	工序内容	车间	工段	设备	工艺装备	工时/min	
							准终	单件

			设计(日期)	校对(日期)	审核(日期)	标准化(日期)	会签(日期)

标记	处数	更改文件号	签字	日期	标记	处数	更改文件号	签字	日期

机械加工工艺过程卡片		产品型号		零件图号			
		产品名称		零件名称		共 页	第 页

材料牌号		毛坯种类		毛坯外形尺寸		每毛坯件数		每台件数		备注	

工序号	工序名称	工序内容	车间	工段	设备	工艺装备	工时/min	
							准终	单件

				设计(日期)	校对(日期)	审核(日期)	标准化(日期)	会签(日期)
标记	处数	更改文件号	签字	日期				
标记	处数	更改文件号	签字	日期				

机械加工工艺过程卡片		产品型号			零件图号								
		产品名称			零件名称					共 页	第 页		

材料牌号		毛坯种类		毛坯外形尺寸		每毛坯件数		每台件数		备注		

工序号	工序名称	工序内容		车间	工段	设备	工艺装备		工时/min	
									准终	单件

					设计(日期)	校对(日期)	审核(日期)	标准化(日期)	会签(日期)

标记	处数	更改文件号	签字	日期	标记	处数	更改文件号	签字	日期

作　业　单

项目	项目 2　齿轮机械加工工艺规程设计				
任务	任务 2.4　工序设计	子任务	子任务 2.4.1　确定工序余量，计算工序尺寸及公差		
组别		完成人		日期	
资讯					
计划与决策					
任务实施					
检查					
评价					

作 业 单

项目	项目2 齿轮机械加工工艺规程设计		
任务	任务2.4 工序设计	子任务	子任务2.4.2 绘制工序图
工序名称			

项目	项目 2　齿轮机械加工工艺规程设计		
任务	任务 2.4　工序设计	子任务	子任务 2.4.2　绘制工序图
工序名称			

作　业　单

项目	项目 2　齿轮机械加工工艺规程设计				
任务	任务 2.4　工序设计	子任务	子任务 2.4.3　选择切削用量，计算时间定额		
组别		完成人		日期	
资讯					
计划与决策					
任务实施					
检查					
评价					

作 业 单

项目	项目 2　齿轮机械加工工艺规程设计				
任务	任务 2.4　工序设计		子任务	子任务 2.4.4　选择设备与工艺装备	
组别		完成人		日期	
资讯					
计划与决策					
任务实施					
检查					
评价					

作　业　单

项目	项目2　齿轮机械加工工艺规程设计		
任务	任务2.4　工序设计	子任务	子任务2.4.5　填写工序卡片
组别		完成人		日期	
资讯			
计划与决策			
任务实施			
检查			
评价			

工序卡片	产品型号		零件图号			共 页	第 页
	产品名称		零件名称				

	车间	工序号	工序名称	材料牌号
	毛坯种类	毛坯外形尺寸	每毛坯可制件数	每台件数
	设备名称	设备型号	设备编号	同时加工件数
	夹具编号	夹具名称		切削液
	工位器具编号	工位器具名称		工序工时/min
				准终 单件

工步号	工步内容	工艺装备	主轴转速 r/min	切削速度 m/min	进给量 mm/r	切削深度 mm	进给次数	工步工时 机动 辅助

	设计(日期)	校对(日期)	审核(日期)	标准化(日期)	会签(日期)

· 50 ·

工序卡片

	产品型号		零件图号			
	产品名称		零件名称		共 页	第 页

车间	工序号	工序名称	材料牌号
毛坯种类	毛坯外形尺寸	每毛坯可制件数	每台件数
设备名称	设备型号	设备编号	同时加工件数
夹具编号	夹具名称		切削液
工位器具编号	工位器具名称		工序工时/min 准终 单件

工步号	工步内容	工艺装备	主轴转速 r/min	切削速度 m/min	进给量 mm/r	切削深度 mm	进给次数	工步工时/min 机动 辅助

设计(日期)	校对(日期)	审核(日期)	标准化(日期)	会签(日期)

项目 3

箱体机械加工工艺规程设计

技术要求
1. 内壁涂黄漆，其他非加工表面涂红防锈漆；
2. 未注圆角为R2。

$\sqrt{\ }(\sqrt{\ })$

箱体

HT200

XM3

1:1.5

作　业　单

项目	项目 3　箱体机械加工工艺规程设计				
任务	任务 3.1　箱体结构工艺性分析				
组别		完成人		日期	
资　讯					
计划与决策					
任务实施					

项目	项目 3　箱体机械加工工艺规程设计				
任务	任务 3.1　箱体结构工艺性分析				
组别		完成人		日期	
任务实施					
检查					
评价					

作 业 单

项目	项目3 箱体机械加工工艺规程设计				
任务	任务3.2 确定毛坯				
组别		完成人		日期	
资讯					
计划与决策					
任务实施					

続表

项目	项目 3　箱体机械加工工艺规程设计				
任务	任务 3.2　确定毛坯				
组别		完成人		日期	
任务实施					
检查					
评价					

作 业 单

项目	项目 3　箱体机械加工工艺规程设计
任务	任务 3.2　确定毛坯——画毛坯图

作 业 单

项目	项目3 箱体机械加工工艺规程设计				
任务	任务3.3 拟定工艺路线		子任务		子任务3.3.1 选择定位基准
组别		完成人		日期	
资讯					
计划与决策					
任务实施					
检查					
评价					

作　业　单

项目	项目 3　箱体机械加工工艺规程设计				
任务	任务 3.3　拟定工艺路线		子任务	子任务 3.3.2　选择表面加工方法	
组别		完成人		日期	
资讯					
计划与决策					
任务实施					
检查					
评价					

作 业 单

项目	项目3 箱体机械加工工艺规程设计				
任务	任务3.3 拟定工艺路线	子任务		子任务3.3.3 划分加工阶段	
组别		完成人		日期	
资讯					
计划与决策					
任务实施					
检查					
评价					

作　业　单

项目	项目 3　箱体机械加工工艺规程设计				
任务	任务 3.3　拟定工艺路线		子任务	子任务 3.3.4　确定工序顺序	
组别		完成人		日期	
资讯					
计划与决策					
任务实施					
检查					
评价					

作 业 单

项目	项目 3 箱体机械加工工艺规程设计				
任务	任务 3.3 拟定工艺路线		子任务	子任务 3.3.5 填写机械加工工艺过程卡片	
组别		完成人		日期	
资讯					
计划与决策					
任务实施					
检查					
评价					

作 业 单

项目	项目 3　箱体机械加工工艺规程设计		
任务	任务 3.3　拟定工艺路线	子任务	子任务 3.3.6　画工艺流程图
工序名称			

项目	项目 3　箱体机械加工工艺规程设计		
任务	任务 3.3　拟定工艺路线	子任务	子任务 3.3.6　画工艺流程图
工序名称			

机械加工工艺过程卡片		产品型号		零件图号			共 页 第 页
		产品名称		零件名称			

材 料 牌 号		毛坯种类		毛坯外形尺寸		每毛坯件数		每台件数		备 注	

工序号	工序名称	工序内容	车间	工段	设备	工艺装备	工时工时/min	
							准终	单件

			设计(日期)	校对(日期)	审核(日期)	标准化(日期)	会签(日期)

标记	处数	更改文件号	签字	日期	标记	处数	更改文件号	签字	日期

<table>
<tr><th colspan="2" rowspan="2">机械加工工艺过程卡片</th><th colspan="2">产品型号</th><th></th><th>零件图号</th><th></th><th colspan="2">共 页</th></tr>
<tr><th colspan="2">产品名称</th><th></th><th>零件名称</th><th></th><th colspan="2">第 页</th></tr>
<tr><td>材料牌号</td><td></td><td>毛坯种类</td><td></td><td>毛坯外形尺寸</td><td></td><td>每毛坯件数</td><td>每台件数</td><td>备注</td></tr>
<tr><td>工序号</td><td>工序名称</td><td colspan="2">工序内容</td><td>车间</td><td>工段</td><td>设备</td><td>工艺装备</td><td colspan="2">工时/min
准终 单件</td></tr>
<tr><td colspan="10"></td></tr>
<tr><td colspan="10"></td></tr>
<tr><td colspan="10"></td></tr>
<tr><td colspan="10"></td></tr>
<tr><td colspan="10"></td></tr>
<tr><td colspan="5"></td><td>设计(日期)</td><td>校对(日期)</td><td>审核(日期)</td><td>标准化(日期)</td><td>会签(日期)</td></tr>
<tr><td>标记</td><td>处数</td><td>更改文件号</td><td>签字</td><td>日期</td><td>标记</td><td>处数</td><td>更改文件号</td><td>签字</td><td>日期</td></tr>
</table>

机械加工工艺过程卡片

		产品型号		零件图号		
		产品名称		零件名称		共 页 第 页

材料牌号	毛坯种类	毛坯外形尺寸	每毛坯件数	每台件数	备注

工序号	工序名称	工序内容	车间	工段	设备	工艺装备	工时/min 准终	工时/min 单件

	设计(日期)	校对(日期)	审核(日期)	标准化(日期)	会签(日期)

标记	处数	更改文件号	签字	日期	标记	处数	更改文件号	签字	日期

作　业　单

项目	项目 3　箱体机械加工工艺规程设计				
任务	任务 3.4　工序设计	子任务	子任务 3.4.1　确定工序余量，计算工序尺寸及公差		
组别		完成人		日期	
资讯					
计划与决策					
任务实施					
检查					
评价					

作 业 单

项目	项目 3　箱体机械加工工艺规程设计		
任务	任务 3.4　工序设计	子任务	子任务 3.4.2　绘制工序图
工序名称			

项目	项目 3　箱体机械加工工艺规程设计		
任务	任务 3.4　工序设计	子任务	子任务 3.4.2　绘制工序图
工序名称			

作 业 单

项目	项目 3　箱体机械加工工艺规程设计		
任务	任务 3.4　工序设计	子任务	子任务 3.4.3　选择切削用量，计算时间定额
组别		完成人	日期
资　讯			
计划与决策			
任务实施			
检查			
评价			

作 业 单

项目	项目 3　箱体机械加工工艺规程设计				
任务	任务 3.4　工序设计		子任务	子任务 3.4.4　选择设备与工艺装备	
组别		完成人		日期	
资讯					
计划与决策					
任务实施					
检查					
评价					

作　业　单

项目	项目 3　箱体机械加工工艺规程设计		
任务	任务 3.4　工序设计	子任务	子任务 3.4.5　填写工序卡片
组别		完成人		日期	
资讯	
计划与决策	
任务实施	
检查	
评价	

工序卡片

产品型号		零件图号				
产品名称		零件名称			共 页	第 页

车间	工序号	工序名称	材料牌号

毛坯种类	毛坯外形尺寸	每毛坯可制件数	每台件数

设备名称	设备型号	设备编号	同时加工件数

夹具编号	夹具名称	切削液

工位器具编号	工位器具名称	工序工时/min	
		准终	单件

工步号	工步内容	工艺装备	主轴转速 r/min	切削速度 m/min	进给量 mm/r	切削深度 mm	进给次数	工步工时/min	
								机动	辅助

	设计(日期)	校对(日期)	审核(日期)	标准化(日期)	会签(日期)

· 76 ·

工序卡片

产品型号		零件图号					共 页	第 页
产品名称		零件名称						

车间	工序号	工序名称		材料牌号
毛坯种类	毛坯外形尺寸	每毛坯可制件数		每台件数
设备名称	设备型号	设备编号		同时加工件数
夹具编号	夹具名称			切削液
工位器具编号	工位器具名称			工序工时/min
				准终	单件

工步号	工步内容	工艺装备	主轴转速 r/min	切削速度 m/min	进给量 mm/r	切削深度 mm	进给次数	工步工时/min
								机动	辅助

		设计(日期)	校对(日期)	审核(日期)	标准化(日期)	会签(日期)

参 考 文 献

[1]   郑修本. 机械制造工艺学[M]. 3 版. 北京：机械工业出版社，2012.

[2]   马敏莉. 机械制造工艺编制及实施[M]. 北京：清华大学出版社，2011.

[3]   陈宏钧，方向明，等. 典型零件机械加工生产实例[M]. 2 版. 北京：机械工业出版社，2010.

[4]   王先逵. 机械加工工艺手册，第一卷，工艺基础卷[M]. 2 版. 北京：机械工业出版社，2007.

[5]   陈宏钧. 机械加工工艺设计员手册[M]. 北京：机械工业出版社. 2009.

[6]   刘慎玖. 机械制造工艺案例教程[M]. 北京：化学工业出版社，2007.

[7]   万苏文，何时剑. 典型零件工艺分析与加工[M]. 北京：清华大学出版社，2010.

[8]   吴慧媛，韩邦华. 零件制造工艺与装备[M]. 北京：电子工业出版社，2010.

[9]   吴友德，吴伟. 机械零件加工工艺编制[M]. 北京：机械工业出版社，2009.

[10]   荆长生. 机械制造工艺学[M]. 西安：西北工业大学出版社，2008.

[11]   李益民. 机械制造工艺设计简明手册[M]. 北京：机械工业出版社，2011.

[12]   黄雨田. 机械制造技术[M]. 西安：西安电子科技大学出版社，2008.

[13]   黄雨田，殷雪艳. 机械制造技术实训教程[M]. 西安：西安电子科技大学出版社，2009.

[14]   朱焕池. 机械制造工艺学[M]. 北京：机械工业出版社，2009.

[15]   王先逵. 机械制造工艺学[M]. 2 版. 北京：机械工业出版社，2007.

[16]   倪森寿. 机械制造工艺与装备[M]. 2 版. 北京：化学工业出版社，2011.

[17]   于大国. 机械制造工艺设计指南[M]. 北京：国防工业出版社，2010.

[18]   冯冠大. 典型零件机械加工工艺[M]. 北京：机械工业出版社，1986.

[19]   朱绍华，黄燕滨，等. 机械加工工艺[M]. 北京：机械工业出版社，1996.

[20]   李云. 机械制造工艺学[M]. 北京：机械工业出版社，1994.

[21]   张耀宸. 机械加工工艺设计手册[M]. 北京：航空工业出版社，1987.

[22]   梁炳文. 机械加工工艺与窍门精选 [M]. 北京：机械工业出版社，2005.

[23]   李华. 机械制造技术[M]. 2 版. 北京：高等教育出版社，2005.

[24]   庞怀玉. 机械制造工程学[M]. 北京：机械工业出版社，1998.

[25]   顾崇衍. 机械制造工艺学[M]. 3 版. 西安：陕西科学技术出版社，1994.

[26]   刘守勇. 机械制造工艺与机床夹具[M]. 2 版. 北京：机械工业出版社，2007.

[27]   余承辉，姜晶. 机械制造工艺与夹具[M]. 上海：上海科学技术出版社，2010.

[28]   周昌治，杨忠鉴，等. 机械制造工艺学[M]. 重庆：重庆大学出版社，1994.